浪花朵朵

伪装大师

野生动物的生存智慧

[德] 安妮卡·西姆斯 著　　陈诗航 译

浪花朵朵

四川美术出版社

变色龙会通过变换皮肤颜色来表现害怕、紧张和炫耀自己。

变色龙身上的斑纹，能够让它隐藏于斑驳的光影之间不被发现。

变色龙能自如变换皮肤颜色。

特别是在求偶和进攻时，它们会通过变换皮肤颜色来向同类发出信号。

变色龙能变换皮肤颜色是由基因决定的，这使它可以很好地适应栖息地。

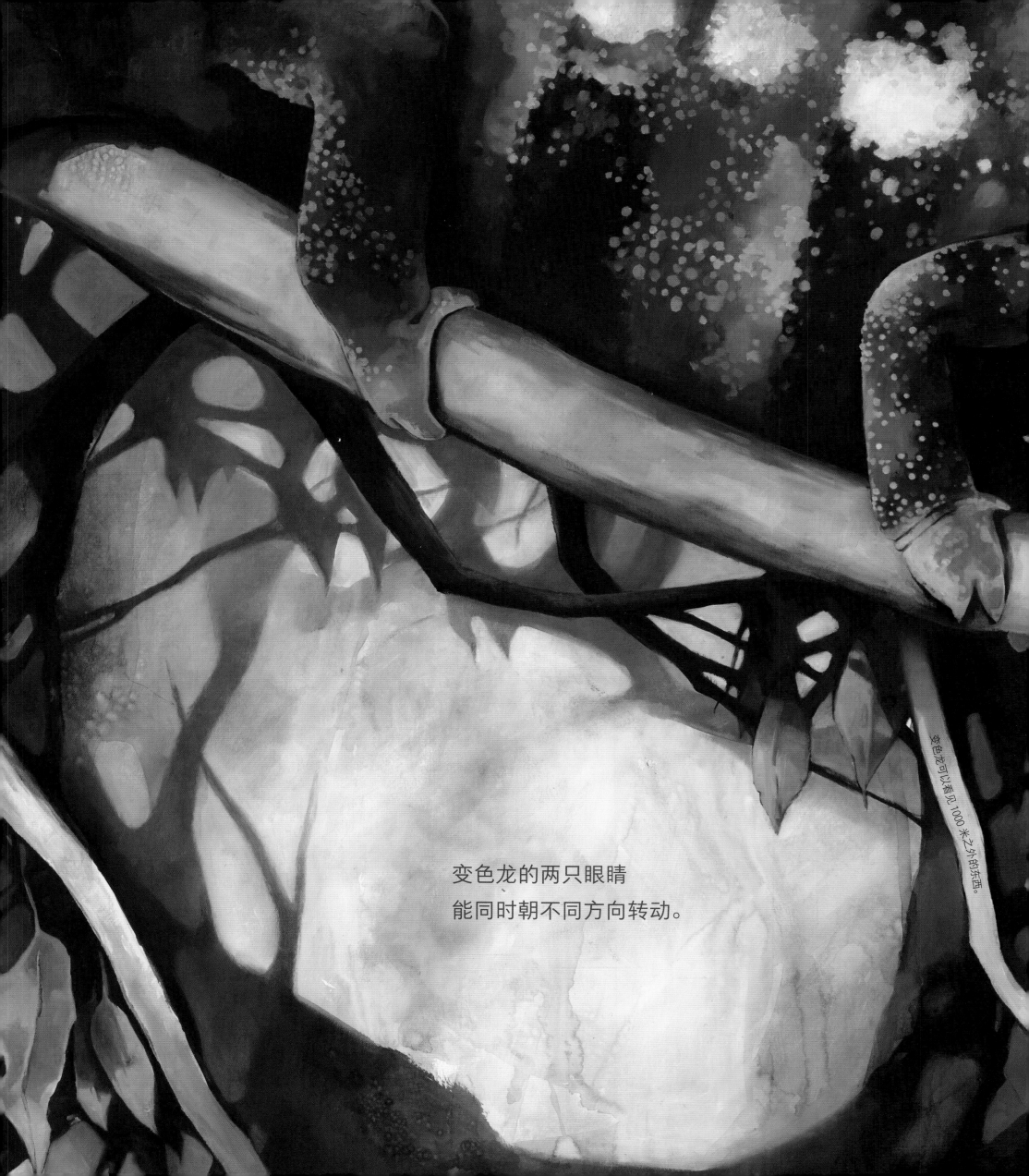

变色龙的两只眼睛
能同时朝不同方向转动。

变色龙可以看见 1000 米之外的东西。

变色龙用舌头捕食猎物。

在放松状态下，变色龙会收起舌头。捕食时，它的舌头就像一支箭，以闪电般的速度射出去。

整个过程用时不到 1 秒！猎物完全没有逃命的机会！

一击即中！这还要归功于变色龙的两只眼睛，不仅能锁定猎物，还能精准测量捕食距离。

变色龙拥有 342 度的视野。

变色龙的舌头比它的身体长很多，而且舌尖会分泌黏液。

变色龙用舌尖上的黏液粘住苍蝇，
将它拉进嘴里。

食蚜蝇会模仿胡蜂飞行，
这种欺骗性的行为被称为"拟态"。

虽然食蚜蝇不叮咬人，但它像胡蜂一样的外观，让它躲过了捕食者。

食蚜蝇和蜂鸟都是悬停飞行的能手，
它们可以通过飞速拍打翅膀停留在原位。

蜂鸟可以向后倒退飞行，每秒可以扇动翅膀 90 次。

尽管有着长长的喙，
蜂鸟还是需要
把头伸入花冠中
才能吸食到花蜜。
蜂鸟的喙接触到雄蕊时，
花粉会掉落在它的羽毛上。
这样一来，粘在羽毛上的花粉，
就能被传授到下一朵花上。

所有植物的
花朵都长得
不一样，
只有鸟喙和花朵
弧度相似的蜂鸟，
才能帮助它们授粉。

蜂鸟在吸食花蜜时，
可以帮助植物授粉。

猫头鹰眼蝶翅膀上的斑点，
很像猫头鹰的眼睛，
可以吓退它们的天敌。

猫头鹰眼蝶
翅膀上的斑点
一般分布在
离身躯较远的位置。
它们张开翅膀，
露出眼斑，
吓退捕食者，
从而保护了
自己。

南美洲纳氏泡蟾
也用同样的方法伪装自己。

南美洲纳氏泡蟾背部的斑点像毒蛇的眼睛——看起来简直真伪难辨。

欧洲白鹳可以长时间站立不动，
只为等待猎物出现。

巨斑蛙一动不动地腾在香蒲叶丛里，它就已经完成伪装了。

如果受到威胁，菁蛙会纵身一跃，露出红色大腿吓唬攻击者。

欧洲白鹳是一种候鸟。

欧洲白鹳会在冬天迁徙到非洲南部，那里不仅暖和，还有很多食物。但在迁徙途中，它们会遇到很多危险。

花豹身上的斑点也是一种伪装，
这些斑点让它在扑向猎物之前不易被发现。

花豹身体紧贴地面，慢慢向前行进，等到猎物发现它时，一切都晚了。

事实上，成年斑马对花豹来说体形太大，不易捕获，只有幼小和瘦弱的动物才会成为花豹的目标。

斑马是群居动物。

就像这样,一群斑马汇聚成了条纹的海洋。

敌人很难分辨单只斑马。

斑马身上的斑纹也是一种伪装。

一只落单的斑马非常显眼。因此在道路上，专门用类似斑马条纹的斑马线来引导行人安全通行。

蝗虫有着超强的弹跳力。
有些种类的蝗虫的弹跳距离
是它们身体长度的数倍。

蝗虫非凡的弹跳力能将它带到安全的地方。

主要分布在非洲的沙漠蝗
会成群结队去觅食，
那场面相当惊人。

事实上，沙漠蝗通常独居。

天气条件有利时，沙漠蝗能迅速繁殖。

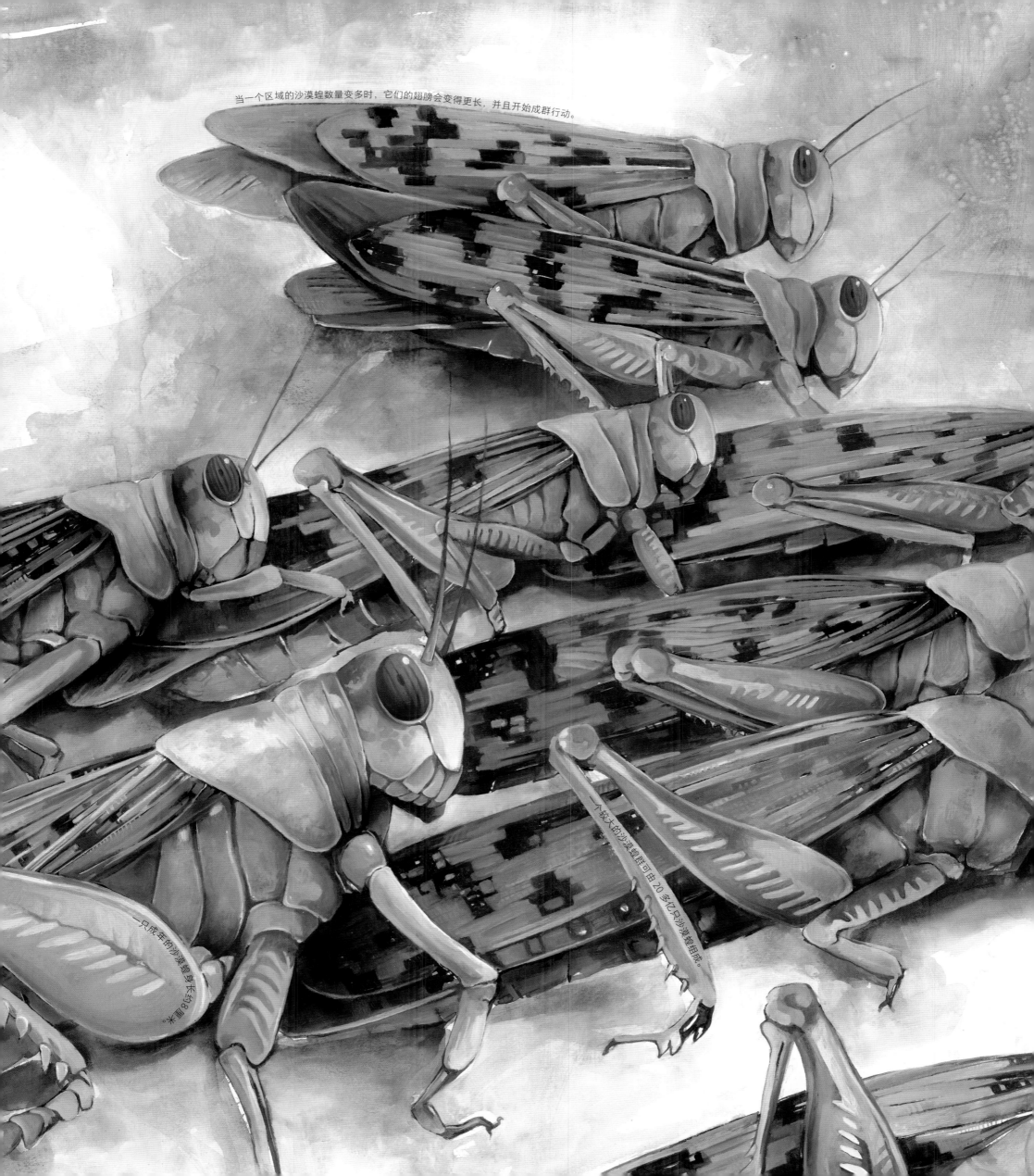

当一个区域的沙漠蝗数量变多时，它们的翅膀会变得更长，并且开始成群行动。

一只成年的沙漠蝗身长约8厘米。

一个较大的沙漠蝗群可由 20 多亿只沙漠蝗组成。

一群沙漠蝗每天可以"扫荡"4000吨植物。

一只成年的沙漠蝗每天消耗约2克食物，与它的体重相当。

一群沙漠蝗可以覆盖 100 平方千米。它们会像一场毁灭性的黑暗风暴，席卷大片土地。

一群沙漠蝗"扫荡"过后，
只会剩下干枯的树枝。

当受到威胁时，有些昆虫会模仿风中摇曳的树叶，迷惑捕食者。

竹节虫把自己伪装成树枝，完美地适应了它的栖息地。
这种在颜色和形态上模仿其他动植物或环境的现象，
被称为"拟态"。

褐耳鹰是一种猛禽，
它能够在 1000 米的高空
观察地面。

褐耳鹰可以在很远的距离外发现体形很小的猎物。

向地面俯冲是最有效的捕猎方式。褐耳鹰的速度最快可达每小时 320 千米。

一只鹫弯曲双腿或收缩双爪，就能够控制大腿和爪子之间的长肌腱来抓紧猎物。

褐耳鹰的捕猎能力超强，
一旦利爪出击，
猎物很难逃命。

它们栖在树上，身体的重量会让它们自然地抓紧树枝，即使睡着也不会从树上掉下来。

在遇到危险时，
为了求生，
有些种类的蜥蜴会截断自己的尾巴。

断掉的那条尾巴还会耀摆跳动片刻，吸引攻击者的注意。

它们的尾巴会在一段时间后重新长出来。

蝙蝠倒挂时，身体的重量会拉紧与爪子相连的肌腱，使爪子自动收拢，牢牢抓住物体。即使蝙蝠睡着了，也不会掉落和互相碰撞。

蝙蝠一般在白天倒挂着睡觉。

蝙蝠是夜行动物，
它们通过回声定位来判断方向、
探测猎物和障碍物。

我们听不到蝙蝠发出的这种叫声，因为这种超声波的频率远高于人类能听到的声波频率。

通过接收到的回声强度，蝙蝠会知道自身与猎物的距离。

一旦叫声遇到某个猎物，就会产生回声。

蝙蝠通过口和鼻每秒发出 5-20 次的叫声。

猫头鹰能将脖子旋转 270 度。

猫头鹰有14块颈椎骨，数量是人类颈椎骨的两倍。

猫头鹰的眼睛无法转动。

猫头鹰的夜视能力非常好。因为它们的瞳孔非常大，容易接收到很多光线；它们的视网膜对光也十分敏感。

柔软蓬松的覆羽增强了消音效果。

而这把"梳子"就像一个消音器。

猫头鹰的飞羽像一把梳子。

飞行时的猫头鹰几乎是悄无声息的。

刺猬可以快速将身体蜷缩成一个刺球，
这样可以免受大多数敌人的攻击。

刺猬带刺的外衣由 5000 ~ 8000 个尖刺组成，每根尖刺长 2~3 厘米。

对大多数捕猎者（如狐狸、猛禽）来说，蜷缩成球状的刺猬很难捕获。

图书在版编目（CIP）数据

伪装大师：野生动物的生存智慧 / (德) 安妮卡·
西姆斯著；陈诗航译. -- 成都：四川美术出版社，
2020.12
　ISBN 978-7-5410-9548-1

Ⅰ. ①伪… Ⅱ. ①安… ②陈… Ⅲ. ①野生动物－少
儿读物 Ⅳ. ①Q95-49

中国版本图书馆CIP数据核字(2020)第212764号

Original title:
Author:Annika Siems
Title: Meister der Tarnung.Überlebenskünstler in der Tierwelt
Copyright©2012 Gerstenberg Verlag,Hildesheim
Chinese language edition arranged through Hercules Business & Culture GmbH, Germany
本书中文简体版权归属于银杏树下（北京）图书有限责任公司

著作权合同登记号：图进字21-2020-365

伪装大师：野生动物的生存智慧
WEIZHUANG DASHI:YESHENG DONGWU DE SHENGCUN ZHIHUI

[德]安妮卡·西姆斯　著
陈诗航　译

选题策划	北京浪花朵朵文化传播有限公司		
出版统筹	吴兴元	编辑统筹	张丽娜
责任编辑	唐海涛	特约编辑	马　丹
责任校对	田倩宇	责任印制	黎　伟
营销推广	ONEBOOK	装帧制造	墨白空间·王　茜
出版发行	四川美术出版社		

（成都市锦江区金石路 239 号 邮编：610023）

开　本	787mm×1092mm　1/6
印　张	8
字　数	50 千
图　幅	48 幅
印　刷	北京盛通印刷股份有限公司
版　次	2020 年 12 月第 1 版
印　次	2020 年 12 月第 1 次印刷
书　号	978-7-5410-9548-1
定　价	118.00 元

官方微博：@ 浪花朵朵童书
读者服务：reader@hinabook.com 188-1142-1266
投稿服务：onebook@hinabook.com 133-6631-2326
直销服务：buy@hinabook.com 133-6657-3072